图说输变电施工安全 口袋书

变电站电气设备安装

江苏省送变电有限公司　组编

U0743616

中国电力出版社
CHINA ELECTRIC POWER PRESS

图书在版编目（CIP）数据

图说输变电施工安全口袋书 . 变电站电气设备安装 / 江苏
省送变电有限公司组编 . —北京：中国电力出版社，2018.10
ISBN 978-7-5198-2202-6

Ⅰ . ①图… Ⅱ . ①江… Ⅲ . ①输配电 – 电力工程 – 工程施
工 – 安全技术 – 图解②变电所 – 电气设备 – 设备安装 – 安全
技术 – 图解 Ⅳ . ① TM7-64

中国版本图书馆 CIP 数据核字（2018）第 146929 号

出版发行：中国电力出版社	印　　刷：北京博图彩色印刷有限公司		
地　　址：北京市东城区北京站西街 19 号	版　　次：2018 年 10 月第一版		
邮政编码：100005	印　　次：2018 年 10 月北京第一次印刷		
网　　址：http://www.cepp.sgcc.com.cn	开　　本：880 毫米 ×1230 毫米　64 开本		
责任编辑：肖　敏（010-63412363）	印　　张：1.875		
责任校对：黄　蓓　太兴华	字　　数：87 千字		
装帧设计：赵姗姗	印　　数：0001—2000 册		
责任印制：石　雷	定　　价：18.00 元		

"怎么做是安全的，怎么做是不安全的？"在施工现场，安全与危险常一线之隔，而事故的发生往往又在一瞬之间。从过去发生过的血的教训中，我们发现：事故大多时候，都是因为作业人员自我保护意识不强，忽视对作业环境的检查，盲目违规操作，面对伤亡情况手足无措而造成的。预防事故的发生是技术问题、是管理问题、是认识问题，归根结底是人的问题。施工现场一线人员是具体工作和业务的执行者，直面危险因素，危险性最大，更要坚定执行各类安全规章制度，牢固安全生产意识，掌握安全作业知识和技能，了解应急救护知识，做到我要安全、我会安全、拒绝无知、相互监督。

《图说输变电施工安全口袋书》正是一本为一线施工人员量身定做的安全施工漫画口袋书。江苏省送变电有限公司响应本质安全建设要求，参考现行的各类电力建设安全工作规程及管控措施等资料，结合施工现场工作情况，提炼出一线施工人员必备的岗位安全意识、应知必会的安全技能，以及事故发生后的应急处理内容，消除了一线施工人员"没想到"和"忘记了"的安全盲区。整套书语言通俗活泼，配图生动形象，以图说话，以文补图，避免了听不懂、学不会、记不住、做不到，安全教育流于形式的问题。

希望这套口袋书能变成您的枕边书、手边书，成为您输变电现场安全施工的好伙伴。

2018 年 8 月

当前，国家电网有限公司输变电工程建设任务繁重，各类施工人员多，劳务分包普遍，施工安全面临巨大挑战。国家电网有限公司重视安全生产，加大管理力度，打牢安全基础，补强分包短板，遏制安全事故苗头。

在紧抓安全生产的大环境下，为响应本质安全建设要求，强化输变电现场施工人员安全意识，江苏省送变电有限公司编写了一套《图说输变电施工安全口袋书》。本套口袋书包括变电站土建、变电站电气设备安装、变电站（换流站）调试、架空电力线路基础、架空电力线路架线、架空电力线路立塔六个分册。各分册由通用部分、专业部分及应急部分构成，包括施工中各工种的全过程。

本套口袋书参考 DL 5009.2—2013《电力建设安全工作规程　第 2 部分：电力线路》、DL 5009.3—2013《电力建设安全工作规程　第 3 部分：变电站》、《国家电网公司电力安全工作规程　电网建设部分（试行）》、Q/GDW 1799.1—2013《国家电网公司安全工作规程　变电部分》、Q/GDW 1799.2—2013《国家电网公司安全工作规程　线路部分》、《变电站（换流站）工程施工现场关键点作业安全管控措施》、《架空线路工程施工现场关键点作业安全管控措施》等资料，将因人的不安全行为和物的不安全状态而导致严重后果的风险隐患摘选出来，结合施工现场工作情况，提炼出一线施工人员必备的岗位安全意识、应知必会的安全技能，以及事故发生后的应急处理内容。口袋书采用"图画＋文字"的形式，在图画上展现安全信息及工作场景；在文字上采用第一人称描述安全操作要点及注意事项，深入浅出、简单明了、轻松易读。

本套口袋书"紧扣安全、依据规范、贴近一线"，可供省公司、地市公司、施工企业等输变电工程一线施工人员学习使用。

由于编写人员水平有限，加之时间仓促，书中不妥之处在所难免，恳请读者批评指正。

编者

2018 年 8 月

目　录

第一篇
通用部分

基本条件： 我体检合格，无妨碍工作的病症；已接受入场安全培训，掌握相应岗位技能及基本安全知识并考试合格。我作为特种作业人员，已经过专门的培训并取得特种作业操作资格证书。

基本权利一：我有权拒绝违章指挥和强令冒险作业。

基本权利二：发现直接危及人身、电网和设备安全的紧急情况时，我有权停止作业并及时撤离现场。发现施工现场安全隐患时，我有权暂停施工并立即向上级报告。

基本权利三： 当我身体不适时，有权向带班负责人提出，暂时不从事风险较大的作业。

职责与义务一： 我已在作业前接受"一方案、一措施、一张票"交底，清楚作业内容、范围，相关安全措施已落实，明确作业中的风险点，并签字确认。

自查镜

个人防护用品指示牌

正确佩戴安全帽

系紧帽带

佩戴好胸卡

扣好钮扣

着长袖工作服

扎紧袖口

佩戴全方位防
冲击安全带

穿软底鞋，系好鞋带

职责与义务二：我能正确使用安全工器具和个人安全防护用品。作业时，自愿服从指挥，自觉遵守作业规章制度和作业规程，做到不伤害自己、不伤害他人、不被他人伤害、保护他人不被伤害。

职责与义务三： 我不能擅自穿越安全围栏或安全警戒线，不进入工作范围以外的工作区域。

工器具检查及使用一： 高处作业前，我衣着灵便，衣袖、裤脚扎紧，穿软底防滑鞋。检查确认安全帽、安全带等安全防护用品齐全、有效。

工器具检查及使用二： 我的安全带必须高挂低用，并悬挂在结实牢固的构件上。

工器具检查及使用三： 我使用的工器具应用绳子拴牢或使用工具包存放；传递物品时使用传递绳，不得抛掷。

作业环境: 遇有六级及以上大风或暴雨、雷电、冰雹、大雪、大雾、沙尘暴等恶劣气候时,我不可以进行露天高处作业。

攀登：我不得攀爬支柱绝缘子或者设备套管，防止损坏设备。

不要把工具放边上，小心掉下来砸到人！

防坠落一： 我在高处作业时，必须将配件、材料等放置在牢靠的地方，并采取防止坠落措施，防止物件坠落，造成人身伤害。

水平安全绳

防坠落二： 我在上下构架柱或在梁上水平移动时，必须正确使用攀登自锁器或水平安全绳，不得失去保护。

防坠落三：我不能在高处作业下方危险区停留或穿行，防止落物伤人。

梯子使用一： 禁止使用自制木梯，梯子不得接长或垫高使用，梯脚要有防滑装置，与地面的夹角约为 60°，不得将梯子搁在楼梯或斜坡上作业，防止高处坠落，造成人身伤害。

梯子使用二： 我不跟他人站在同一个梯子上工作，不站在距梯顶 1m 以内的梯蹬上作业，梯子必须有人扶持和监护，防止高处坠落，造成人身伤害。

起吊准备一：我在吊装作业前必须检查施工机械正确可靠接地，消防器材配置齐全；起重机吊钩、手拉葫芦吊钩、起重滑车吊钩的防脱钩保险装置齐全有效；起重机、卷扬机等机械的制动装置齐全有效。

起吊准备二： 作业场所平坦坚实，采用围栏进行隔离。车轮、支腿的前段、外侧距离沟坑边缘不能小于沟坑深度的 1.2 倍；若小于沟坑深度的 1.2 倍，必须采取防止倾倒、坍塌的措施。

起吊准备三： 作业前，我必须将汽车式起重机支腿全部支好、加好垫木，确保吊车倾斜程度满足生产厂家要求。我清楚起重机械、吊具的使用性能，不超负荷使用。

夹角 ≥ 30°

GIS配件箱

10cm

起吊一： 起吊时，吊索与物件夹角不得小于 30°，吊索与物件棱角必须加垫块。吊起10cm 后要暂停，我确认物件绑扎牢固、可靠稳定后方可继续起吊，严禁偏拉斜吊。

起吊二： 在起吊、牵引过程中，吊物、吊臂下方、吊臂回转范围内不得站人。

起吊三： 我不跟吊物一起起吊，不利用吊钩上下。

起吊四：我发出的指挥信号必须清晰、规范、明确，符合国家起重吊运指挥信号要求。

起吊五： 我在起重作业完成后，不能将物件悬在空中停机，必须将吊臂收拢，吊钩收起，操纵杆置于空挡位置，车辆熄火，关闭操作室门窗并上锁后方可离开。

焊接准备一： 我不得在雨雪天进行露天焊接作业，露天使用的电焊机必须有防雨措施，检查电焊机外壳可靠接地。

专用工作服

防护面罩

防护手套

绝缘鞋

焊接准备二： 作业时，我应正确穿戴专用工作服、防护面罩（护目镜）、绝缘鞋、防护手套等劳动保护用品。

焊接一： 我不得在储存易燃、易爆物品的场所周围 10m 范围内进行焊接作业。为防止火灾，在焊接作业场所必须配置消防器材。

接地点 5m 内作业。

焊接二：我不能将电缆管、电缆外皮或吊车轨道等作为电焊地线。变电站内施焊时，必须用专用地线，且必须在接地点 5m 范围内进行作业，防止电流窜入电缆屏蔽层损坏电缆。

焊接三： 移动电焊机时，我必须切断电源，不得采用拖拽电缆的方式移动电焊机。焊接工作结束后，首先断开电源，然后仔细检查作业场所，确认无起火危险后方可离去。

焊接四： 进行气焊、气割作业时，我必须将乙炔瓶、氧气瓶直立放置并可靠固定，两者间距不得小于 5m。

气瓶存放一： 气瓶存放处 10m 范围内禁止明火，且气瓶必须单独存放于危险品库。

气瓶存放二： 六氟化硫气瓶必须存放于防晒、防潮和通风良好的场所，并不得与其他压力气瓶混放，防止发生爆炸事故。

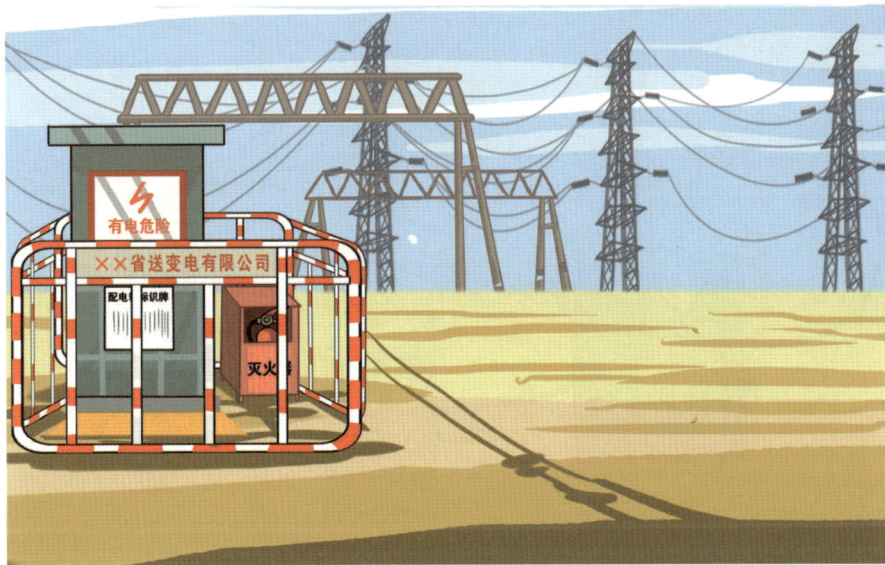

器材配置：施工现场、仓库及重要机械设备、配电箱、生活和办公区等应配置相应的消防器材。

送电 / 停电顺序： 正确的配电箱送电顺序：总配电箱→分配电箱→末级配电箱。

正确的停电顺序：末级配电箱→分配电箱→总配电箱。

电源箱检查： 电工必须定期检查电源箱，确认防潮措施完好，确保绝缘良好。使用前试跳漏电保护器并填写记录。

接入与拆除一：施工用电接入与拆除必须由专业电工负责，严禁私拉乱接，操作电源箱时必须站在绝缘垫上，电源箱旁必须配置消防器材。

接入与拆除二： 不能将电源线直接钩挂在闸刀上或者直接插入插座内使用，防止电源短路后被电弧灼伤。

用电设备一：用电设备的电源引线长度不得大于 5m，手持小型机具电缆不得破损、漏电，手持部位应绝缘良好。

用电设备二： 用电设备必须"一机一闸一保护"。不能用一个空气开关控制两个及以上用电设备。

通风一：有限空间作业现场的氧气含量应在 19.5%～23.5%，必须保持通风良好，严禁用纯氧进行通风。

通风二： 进入有限空间作业前，必须坚持"先通风，再检测，后作业"的原则。

通风三： 发现通风设备停止运转、有限空间内含氧量浓度低于标准要求或者有毒、有害气体浓度高于标准要求时，必须立即停止作业，清点人数，撤离作业现场。

安全用电： 有限空间作业现场必须使用安全矿灯或是 36V 以下的安全灯，潮湿环境下必须使用 12V 的安全电压，防止发生触电事故。

进入箱、柜、隧道、电缆夹层等有限空间作业：作业入口处必须有专人监护。作业完成离开时，必须清点人数，防止遗漏。

户内作业一： 进入安装有 SF_6 气体设备的室内时，先通风 15 分钟，再检测 SF_6 气体含量，合格后方能进入，防止人员窒息和中毒。

户内作业二： 户内焊接作业应保持空气流通、照明良好，必要时采取通风措施，防止发生中毒、窒息事故。

运输货物必须绑扎牢固，运输超长物件时，其尾部必须设置警告标志。

运输： 运输货物必须绑扎牢固，运输超长物件时，其尾部必须设置警告标志。

装载： 严禁人货混装，严禁自卸车、挂车、拖拉机等工程车或农用车载人，防止货物挤压伤人。

作业前交底： 我已在作业前接受工作票交底，知晓作业范围、流程和内容、相邻带电设备及部位、安全距离、作业风险点等，并在工作票上签字确认。

安全距离一： 我们在运行区域入口处应装设限高装置及限高、限速标志，防止车辆与带电部位安全距离不足引发电网事故。

安全距离二：我在运行设备区内不得撑伞，移动物品不得超过头顶，长物（梯子、钢筋、铁锹等）必须平放搬运，防止与带电体距离过近导致高压触电。

动火作业： 我在运行变电站内动火作业时必须有专人监护，一人不得进行动火作业，防止引起火灾事故。

二次作业一： 不得使用切割机在屏柜内工作，以免铁屑飞溅将端子短路。

二次作业二： 屏柜部分带电后，带电系统与非带电系统应设置明显可靠的隔离措施和安全警示标识。

二次作业三： 拆、装与运行屏柜相连的屏柜时，动作要轻，防止振动，不得敲打盘柜，防止保护误动。

二次作业四： 在运行盘上作业应穿绝缘鞋或站在绝缘垫上，使用绝缘工具，并有专人监护。

二次作业五： 在运行设备相关回路上进行电缆接线的拆除、搭接作业，严格按照经审定确认的专项方案（含拆、搭明细表）逐一核对，经施工、运维、监理相关专业人员确认无误后，方可实施。

接地防护一： 在平行或邻近带电设备及部位施工时，必须装设个人保安接地线，防止感应电触电。

接地防护二：运行站内对已就位的设备、母线及吊车、升降车等施工机具可靠接地，防止感应电伤人。

感应电防护： 在 330kV 及以上电压等级的运行区域作业时，必须穿静电感应防护服或屏蔽服，防止感应电触电。

停电作业：接地线一经拆除，设备就视同有电，不得接触或再进行任何作业，防止触电事故。

施工机械操作正常活动范围
与带电设备的安全距离

电压等级（kV）	安全距离（m）	电压等级（kV）	安全距离（m）
10 及以下	3.00	± 50 及以下	4.50
20、35	4.00	± 400	9.70
66、110	4.50	± 500	10.00
220	6.00	± 660	12.00
330	7.00	± 800	13.10
500	8.00		
750	11.00		
1000	13.00		

邻近带电部位作业： 施工机械操作正常活动范围安全距离应符合相关规定，防止人身触电及电网事故。如不满足安全距离时，不得施工，应向现场管理人员汇报。

清理作业： 我在运行站内施工，必须随时清除或固定可能漂浮的物体，防止漂浮物吹浮至带电设备引发电网事故。

第二篇

专业部分

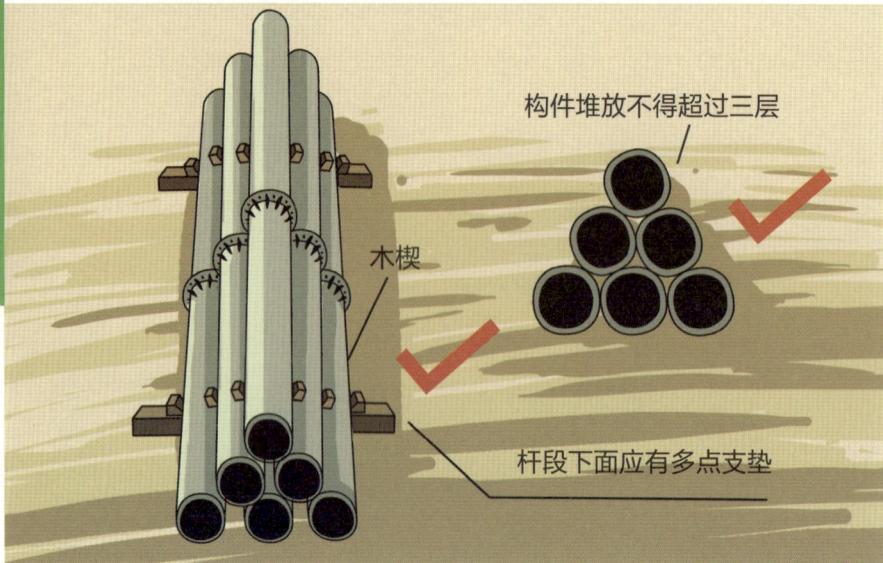

构件堆放不得超过三层

木楔

杆段下面应有多点支垫

构、支架堆放： 堆放场地必须平整坚实，杆段下面应有多点支垫，两侧应用木楔塞牢，构件堆放不得超过三层。

临时拉线一： 临时拉线地锚必须固定牢固，固定处应土质坚实、地面无积水，不得利用基础或起吊构件作为锚桩。最多不超过两根临时拉线固定在同一个地锚上。

临时拉线二: 临时拉线钢丝绳端部用绳卡固定时,绳卡数量不少于 3 个,绳卡压板必须固定在钢丝绳受力侧(主绳),间距不小于钢丝绳直径的 6 倍,不得正反交叉设置。

防雷接地： 构架组立完成后，必须及时进行可靠的防雷接地，防止雷击伤人。

安全带

围栏

升高座等附件: 在安装升高座等附件时,必须正确使用安全带。法兰对接过程中,严禁用手插在对接孔中找正,防止人身伤害。变压器顶部应采取防滑措施,有条件时应安装安全围栏或增设安全带挂点。

断路器一： 断路器处于合闸位置时严禁搬运。对于液压、气动和弹簧操动机构，不得在有压力或弹簧储能的状态下进行安装或拆卸，防止机构能量释放时造成人员伤害。

上风口

口罩

手套

SF₆

断路器二：充注 SF_6 气体时，作业人员必须戴手套和口罩站于上风口。在户内对设备充注 SF_6 气体时，必须开启通风设备并对 SF_6 气体含量进行监测，防止窒息。

隔离开关一: 三相一体式隔离开关吊装时,必须处于合闸状态,绑扎牢固,防止刀刃转动伤人。

隔离开关二： 隔离开关电动调整时，隔离开关动、静触头转动范围内不得有人，防止刀闸转动时造成人员伤害。

避雷器等： 起吊避雷器等设备时，应将吊索固定于设备专用吊环上，不得利用伞裙起吊，防止设备损伤及人身伤害。

屏柜一： 屏柜开箱后，应立即将开箱板清理干净，尽快将屏柜就位，防止受潮、雨淋。屏柜就位过程中注意防止倾倒伤人及损坏设备。

屏柜二：屏柜就位、找正过程中不得将手伸入屏底。

防火： 蓄电池属易燃易爆品，室内工作严禁烟火。

卸导线和电缆盘时严禁从车上直接推下。

敷设导线、电缆时，电缆盘必须架设牢固平稳，转动缓慢均匀。

作业前检查压接用钢模规格与导线金具是否匹配，发现钢模有裂纹或变形，应停止使用。每种规格导线及耐张线夹试件送检合格后方可施工。

作业区域应设置警示标识，并有专人进行监护。转向滑车及卷扬机固定地锚必须可靠固定，应土质坚实、地面无积水，不得利用树木或外露岩石作为锚桩，防止临时拉线松脱引发事故。

一台起重机多点吊装管型母线时，两端应系溜绳。两台及以上起重机抬吊管型母线时，应按比例分配负载，专人指挥，保持升降同步。

第三篇

应急部分

负伤者或
现场人员

项目负责人

分公司负责人
和专职安全员

轻伤事故报告程序：轻伤事故发生后，负伤者或现场有关人员必须用手机等最快捷的方法，立即向项目负责人报告。项目负责人在接到报告后，即刻报告分公司负责人和专职安全员。

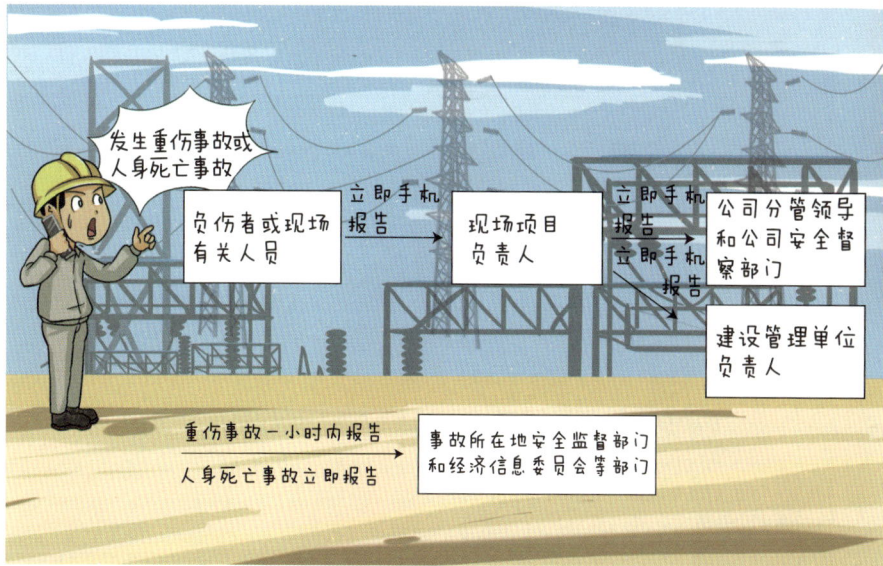

重伤或死亡事故报告程序：发生重伤或死亡事故后，事故现场相关人员应立即用手机等最快捷的方式向现场项目负责人报告，项目负责人接到报告后，即刻向公司分管领导和公司安全监察部报告（同时向建设管理单位负责人报告）。

单位名称、地址、事故性质

时间、地点

伤亡人数

报告内容: 使用手机快报,应当包括事故发生单位的名称、地址、事故性质;事故发生的时间、地点;事故已经造成或者可能造成的伤亡人数(包括下落不明、涉险的人数)。

低压触电后脱离电源的方法：可立即拉开电源开关或拔出插头，断开电源。当电线搭落在触电者身上或压在身下时，如无法断开电源，可用干燥的木棒、木板、绳索、皮带、衣服、手套等绝缘物作为工具，拉开触电者或挑开电线，使触电者脱离电源。

高压触电后处置方法： 立即通知有关供电单位或用户停电；如无法停电，可戴上绝缘手套，穿上绝缘靴，用相应电压等级的绝缘工具按顺序拉开电源开关或熔断器。

现场基础处理：局部创伤应妥善包扎，勿进行填塞，以免导致感染；面部受伤人员首先应保持呼吸道畅通，撤除假牙，清除口中的异物，同时解开伤员的颈、胸部纽扣。

送医急救一：伤情较重时，立即送至医疗机构进行救治。伤员要平仰卧位，注意保暖和安静，解开衣领扣，保持呼吸道畅通。

送医急救二： 在搬运和转送重伤者过程中，应使伤者脊柱保持伸直，颈部和躯干不能前屈或扭转；搬运时应多人平抬，严禁一个抬肩一个抬腿的搬法，以免加重伤情。

骨折急救一： 应先检查意识、呼吸、脉搏并处理严重出血；夹板长度应能将骨折处的上下关节一同加以固定；骨断端暴露时，不要拉动；固定动作要轻快，不要随意移动伤肢或翻动伤员；夹板或简便材料不能与皮肤直接接触，要用棉花等垫好。

没有担架时，可利用门板、椅子、梯子等制作简单担架运送。

骨折急救二： 搬运时要轻、稳、快，避免震荡，并随时注意伤者的病情变化。开放性骨折伴有大出血者，应先止血再固定，并用干净布片覆盖伤口，然后速送医院救治。切勿将外漏的断骨推回伤口内，以免感染和刺破血管和神经。

骨折急救三： 疑有颈椎损伤的，伤员平卧后用沙土袋等放置头部两侧固定颈部。口对口呼吸时，采用抬颏使气道通畅，不能将头部后仰移动或转动头部；腰椎骨折的，伤员应平卧在平硬木板上，将腰椎躯干及两侧下肢一同固定。搬动时应数人合作，保持平稳，不能扭曲。

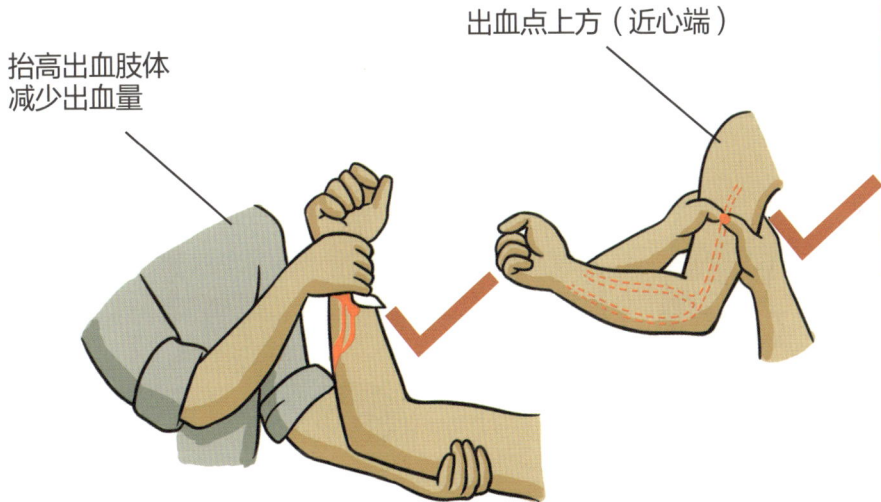

抬高出血肢体
减少出血量

出血点上方（近心端）

创伤止血急救一： 伤口渗血较多时，用数层较伤口稍大的消毒纱布覆盖伤口，然后包扎。若包扎后仍有较多渗血，可再用绷带适当加压止血；伤口出血呈喷射状或鲜红血液涌出时，立即用清洁手指压迫出血点上方（近心端），使血流中断，并将出血肢体抬高或举高。

不要用绳，且不宜扎太紧！

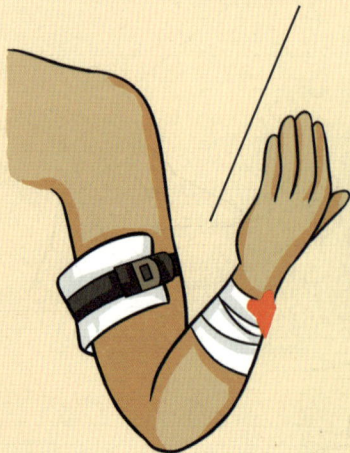

上肢每 60min、下肢每 80min 放松一次，每次放松 1～2min，开始扎紧与放松的时间均书面标明在止血带旁。扎紧时间不宜超过 4h。

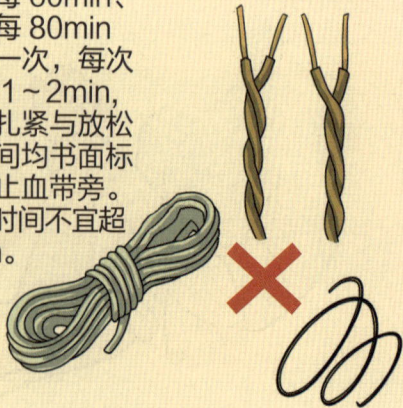

创伤止血急救二：用止血带或弹性较好的布带等止血时，应先用柔软布片或伤员的衣袖等数层垫在止血带下面，再扎紧止血带以刚使肢端动脉搏动消失为度。不要在上臂中三分之一处和腋窝下使用止血带，以免损伤神经。当放松时观察无大出血则可暂停使用。

方便呕吐物排出。

保持气道通畅。

脑外伤急救：使伤员采取平卧位，保持气道通畅，若有呕吐，应扶好头部和身体，使头部和身体同时侧转；耳鼻有液体流出时，不要堵塞，只可轻轻拭去。也不可用力擤鼻；颅脑外伤时，病情可能复杂多变，禁止给予饮食，速送医院诊治。

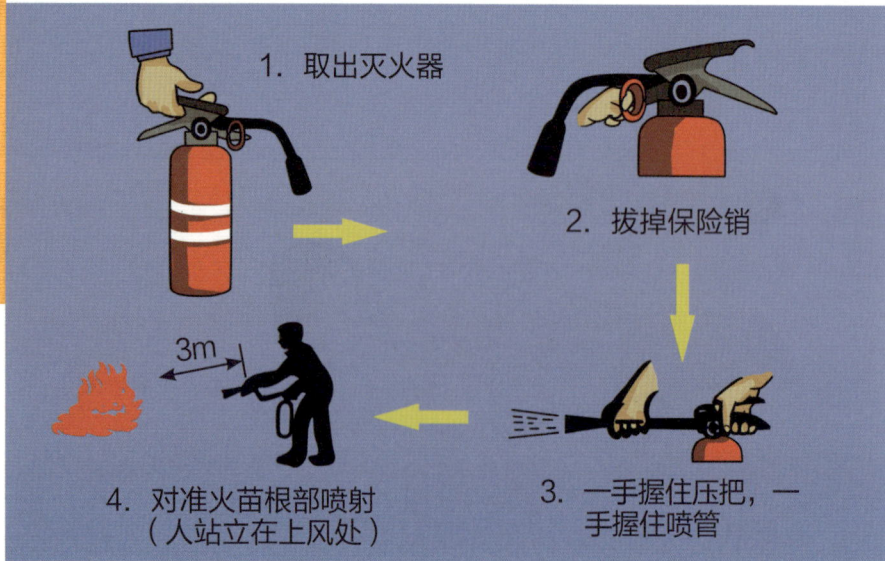

1. 取出灭火器

2. 拔掉保险销

3. 一手握住压把，一手握住喷管

4. 对准火苗根部喷射（人站立在上风处）

3m

火灾抢险一： 在扑灭火灾时，正确选择、使用消防器材（电气设备着火、油品着火不能使用水扑救），对着火焰根部扑救。灭火要迅速彻底，不要遗留残火，以防复燃。注意保护现场，以利于火因调查；各类应急器材和救援设施应配备齐全，并处于常备状态。

火灾抢险二：扑救人员应戴防毒面具。组织人员疏散时，救援人员首先要切断身边电源，被救人员应捂鼻、弯腰迅速离开；当被困人员疏散至上风口后，立即清点人数。切断电源位置要合适，特别是晚间，避免因断电而影响灭火。

灭火器的选用

灭火器类型 / 火灾场所	水型灭火器	干粉灭火器		泡沫灭火器		二氧化碳灭火器
		磷酸铵盐干粉灭火器	碳酸氢钠干粉灭火器	机械泡沫灭火器	抗溶泡沫灭火器	
A类场所（如木材、棉、毛、麻、纸张及其制品等）	**适用。** 水能冷却并穿透固体燃烧物质而灭火，并可有效防止复燃	**适用。** 粉剂能附着在燃烧物的表面层，起到窒息火焰的作用	**不适用。** 碳酸氢钠对固体可燃物无粘附作用，只能控火，不能灭火	**适用。** 具有冷却和覆盖燃烧物表面及与空气隔绝的作用		**不适用。** 灭火器喷出的二氧化碳无液滴，全是气体，对A类火基本无效
B类场所（如汽油、煤油、柴油、原油、甲醇、乙醇、沥青、石蜡等）	**不适用。** 水射流冲击油面，会激溅浇火，致使火势蔓延，灭火困难	**适用。** 干粉灭火剂能快速窒息火焰，具有中断燃烧过程连锁反应的化学活性		**适用。** 扑救非极性溶剂和油品火灾，覆盖燃烧物表面，使其与空气隔绝	**适用。** 扑救极性溶剂火灾	**适用。** 二氧化碳靠气体堆积在燃烧物表面稀释并隔绝空气
C类场所（如煤气、天然气、甲烷、乙烷、丙烷、氢气等）	**不适用。** 灭火器喷出的细小水流对气体火灾作用很小，基本无效	**适用。** 喷射干粉灭火剂能快速扑灭气体火焰，具有中断燃烧过程连锁反应的化学活性		**不适用。** 泡沫对可燃液体火灾有效，但对扑救可燃气体火灾基本无效		**适用。** 二氧化碳窒息灭火，不留残迹，不污损设备
E类场所（指带电物体的火灾）	**不适用**	**适用。** 适用于带电的B类火		**不适用**		**适用。** 适用于带电的B类火

高温中暑急救：应立即将病员从高温或日晒环境转移到阴凉通风干燥处平卧休息；解开患者衣服，或更换被汗水湿透的衣服，用浸水毛巾擦浴、电扇吹风等方法加速散热。

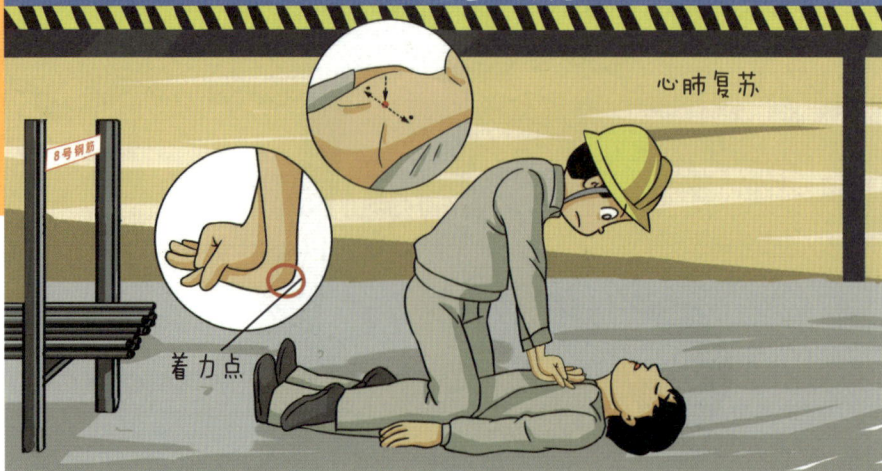

溺水急救： 发现有人溺水应设法迅速将其从水中救出，呼吸、心跳停止者用心肺复苏法坚持抢救；口对口人工呼吸因异物阻塞发生困难，而又无法用手指除去时，可用两手相叠，置于脐部稍上正中线上（远离剑突）迅速向上猛压数次，使异物退出，注意不得用力过大。

中毒急救：立即将中毒者送往就近医院或拨打急救电话。若急救条件不允许，也可拨打110电话求救。等待救护期间，对已昏迷中毒者应保持气道通畅，解开领扣、裤带等束缚，注意保温或防暑，有条件时给予氧气吸入。呼吸、心跳停止者应立即进行心肺复苏。

1. 迅速从伤口上端向下方反复挤出毒液。

2. 在伤口上方（近心端）用布带扎紧。

动物咬伤急救： 咬伤大多在四肢，如图处理后，将伤肢固定，避免活动，以减少毒液的吸收。犬咬伤后应立即用浓肥皂水冲洗伤口，同时用挤压法自上而下将残留在伤口内的唾液挤出，然后再用碘酒涂擦伤口。少量出血时，不要急于止血，也不要包扎或缝合伤口。